JOHANNES CLEMENS

Rezepte zum Barfen

DAS KOCHBUCH FÜR HUNDE

Die besten Barf Rezepte für eine natürliche
und gesunde Ernährung Ihres Hundes

Alle Ratschläge in diesem Buch wurden vom Autor und vom Verlag sorgfältig erwogen und geprüft. Eine Garantie kann dennoch nicht übernommen werden. Eine Haftung des Autors beziehungsweise des Verlags für jegliche Personen-, Sach- und Vermögensschäden ist daher ausgeschlossen.

Email: info@edition-lunerion.de
www.edition-lunerion.de

Psiana eCom UG
Berumer Str. 44
26844 Jemgum

Vorwort

Ihr Hund ist Ihr bester Freund und so wollen Sie natürlich auch beim Futter nur das Beste für ihn. Das hat hier definitiv Mutter Natur im Angebot und mit Barfen bieten Sie Ihrem Liebling genau das: Hochqualitative Hundeschlemmerei nach dem Vorbild der Natur, und wie das im Alltag ganz mühelos klappt, zeigt Ihnen dieses Rezeptbuch!

Zusatzstoffe, Konservierungsmittel oder minderwertige Fleischabfälle: In herkömmlichem Hundefutter findet sich oft allerhand, was Sie sich weder auf Ihren eigenen Teller noch in den Napf Ihres Hundes wünschen. Schlechtes Futter begünstigt zahlreiche Krankheiten und Unverträglichkeiten, doch zum Glück sind Sie darauf nicht angewiesen! Denn mit Barfing steht Ihnen eine kinderleichte Ernährungsvariante zur Verfügung, die Ihren Liebling optimal mit allem versorgt, was er für ein gesundes Hundeleben benötigt. Reichlich Fleisch, vieles davon roh, dazu ausgesuchte Gemüse-, Öl- oder Saatensorten – mehr braucht es nicht für eine ausgewogene Schlemmermahlzeit und dank unkomplizierter Rezepte ist die auch im Handumdrehen fertig.

Guten Appetit!

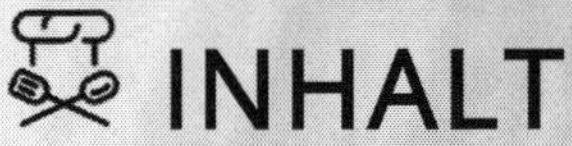

INHALT

Der beste Freund des Menschen

Der beste Freund des Menschen ist der Hund. Bereits vor vielen Jahren stand der Hund seinem Besitzer als Arbeitstier zur Seite und mittlerweile ist das Leben mit Hunden zur Gewohnheit geworden. Hunde sind nicht mehr nur eine Hilfe bei der Arbeit, sondern auch Familienmitglieder, für die wir gerne sorgen und die natürlich alles bekommen sollen, was für ihre Gesundheit wichtig ist. Neben Streicheleinheiten und Auslastung gehört dazu eben auch eine gesunde Ernährung.

Das Barfen richtet sich nach einer natürlichen Rohfleischfütterung und zielt auf das Beutetierkonzept ab. Dabei orientiert es sich an dem Fressverhalten von Wildhunden und Wölfen. Bevorzugt verfüttert werden Innereien, Muskelfleisch sowie Knochen von Schlachttieren. Durch die Rohfütterung werden möglichst viele Nährstoffe erhalten. Werden Fleisch, Gemüse und Co. erhitzt, so gehen diese zum Teil verloren. Damit kann auf das Zuführen von künstlichen Nährstoffen verzichtet werden. Der Hund wird also lediglich mit diesen Stoffen versorgt, die sein Körper auch benötigt und verwerten kann. Etwa 90 % des Futters können dann von Ihrem Vierbeiner verdaut werden.

Wer seinem Vierbeiner mit dem Barfen einen Gefallen tun möchte, der sollte dies nicht ohne die nötigen Informationen tun und den Futterplan gut planen. Rohe Lebensmittel sind nicht immer ganz ungefährlich, weshalb eine gute Grundkenntnis unabdingbar ist.

Doch zunächst einmal: Worin liegen überhaupt die Vorzüge beim Barfen? Nun ja, viele Hunde, die herkömmliches Futter aus dem Handel fressen, zeigen uns eigentlich ganz deutlich, dass ihr Futterplan nicht optimal ist. Sie müssen häufiger am Tag Kot absetzen, weil der Körper viele Stoffe ausscheidet, die er nicht benötigt, frisst häufig Gras, um der Verdauung selbst zu helfen, oder neigt dazu, den Kot von anderen Hunden oder Tieren verspeisen zu wollen. Zudem ist sein Fell stumpf oder das Abhaaren fällt ihm schwer. All diese Dinge deuten darauf hin, dass der Körper des Hundes nicht mit den notwendigen Nährstoffen versorgt wird. Dann wird ein Tierarzt aufgesucht oder ein Hundetrainer, weil die Ursachen für verschiedene Verhaltensweisen des Hundes unklar sind.

Die Fehler in der Ernährung des Hundes werden natürlich überwiegend unbewusst gemacht. Jeder Hundebesitzer möchte das Beste für seinen Vierbeiner und verlässt sich darauf, dass im Handel angebotene Produkte auch gut und gesund sind. Leider ist dem nicht so und bei genauerem Hinschauen fällt auf, dass viele Futtersorten auch gar nicht wirklich gut abschneiden und es häufig nur zu einer befriedigenden Bewertung schaffen. Die Fütterung solcher Produkte führt nicht nur dazu, dass sich der Hund körperlich nicht wohlfühlt, sondern hat auch gravierende Spätfolgen für den Hund. Mehr denn je leiden Hunde im Laufe ihres Lebens an diversen Krankheiten und erreichen kaum noch die 10 bis 12 Jahre, auch wenn ein Hund durchaus auch 16 oder 17 Jahre alt werden kann. Knapp 40 % aller Hunde erliegen mittlerweile im Alter dem Krebs. Die Tierärztin Dr. Ute Seelinger sagt, dass dies jedoch nicht immer so war. Wiederkehrende Durchfälle, Allergien, Gelenkprobleme oder andere Beschwerden, welche durch eine ungenügende Fütterung hervorgerufen werden, schwächen das Immunsystem des Hundes. Dies wiederum führt dazu, dass der Hundekörper gerade im Alter, wo das Immunsystem ohnehin Unterstützung benötigt, nicht mehr ausreichend funktioniert.

Wer mit dem Barfen beginnt, dem wird schnell auffallen, wie sich der Allgemeinzustand des Hundes verbessert. Er fühlt sich nicht nur besser, sondern Sie können es auch an seinem Verhalten und einem gesunden Fell mit bloßem Auge sehen.

Ein weiterer, großer Vorteil liegt darin, dass Sie das Futter für Ihren Hund selbst zusammenstellen können. Sie wissen also ganz genau, was in der Nahrung drin ist, und können vor allem bei Erkrankungen aktiv dazu beitragen, dass der Hund Nährstoffe erhält, welche seine Heilung fördern können. Sie können darauf achten, wo Sie die Zutaten für das Barfen erwerben und ob sie naturbelassen, also unbehandelt sind, ebenso, wie Sie es für sich und Ihre Kinder auch tun.

Auch wird der neue Speiseplan für Ihren Hund zu einem echten Abenteuer, denn das Barfen ist sehr facettenreich und vermutlich wird die Nase Ihres Hundes bei der Zubereitung schon immer länger. Die Vielfalt in dieser Fütterung regt zudem den Stoffwechsel an.

Im Prinzip besteht das Konzept BARF aus 6 wichtigen Bestandteilen. Fisch oder Fleisch sind Hauptbestandteil der Mahlzeiten, denn sie liefern die Proteine sowie auch Fett und sorgen für ausreichend Energie beim Hund. Hier ist es wichtig, den Grundbedarf zu decken, aber nicht über das Ziel hinauszuschießen, denn sonst wird der Hund nach einiger Zeit entweder träge oder hyperaktiv. Jede Fleischsorte liefert natürlich andere Nährwerte. Dies betrifft nicht nur das jeweilige Futtertier, sondern auch die Körperregion (Muskelfleisch oder Organe und Co.). Ente hat beispielsweise einen viel höheren Fettgehalt als Hühnchen oder Pute.

Neben dem Fleisch oder Fisch sind die Innereien ein wichtiger Punkt in der richtigen Ernährung. Hier sollten Sie jedoch darauf achten, dass das jeweilige Organ keine Hormone weitergibt, denn diese können auf den Hormonhaushalt Ihres Tieres Einfluss nehmen, egal, ob Sie eine Hündin oder einen Rüden füttern. Bestimmte Hormone befinden sich beispielsweise in Schlundfleisch. Ansonsten sind die Innereien wichtige Vitamin-Lieferanten. Fisch/Fleisch und Innereien sollten etwa 70 % der Mahlzeit ausmachen. Fisch liefert zudem wertvolle Omega-3- und Omega-5-Fettsäuren. Zander, Sardellen, Lachs und Heringe kommen bei Hunden besonders gut an.

Die dritte Zutat im Hunde-Speiseplan heißt Knochen. Diese liefern den wichtigen Phosphor sowie auch ausreichend Kalzium. Alternativ können Sie auch Mineralpulver verfüttern oder Knochenknorpel hinzufügen. Nicht jeder Knochen ist für Ihren Hund geeignet, da viele Knochen sehr brüchig sind und den Hund verletzen können. Auch Milchprodukte gehören zum Bedarf des

Hundes. Diese sind sehr gut verträglich und liefern dem Hund das benötigte Eiweiß. Außerdem sind sie wichtig für die Darmflora. Diese wird durch die Bakterien in der Milchsäure besonders gut gepflegt. Hüttenkäse, Buttermilch, Joghurt, Speisequark oder Frischkäse eignen sich besonders gut und werden von Hunden zudem gut angenommen. Obst und Gemüse sollten eine Ergänzung zu jeder Mahlzeit sein. Sie sind gute Lieferanten von Mineralien, Ballaststoffen und Folsäure. Hier gibt es jede Menge Auswahl, sodass sie in diesem Bereich ganz kreativ werden können. Arbeiten Sie hier mit etwa 10 bis 30 % Obst- und Gemüseanteil. In der Regel wird beides als Püree in die Rezepte eingebaut, denn so kann der Hund die Vitamine am besten aufnehmen und davon profitieren. Um jeder Hundemahlzeit ein paar Spurenelemente zu verleihen, können Sie zu guter Letzt noch einige Ergänzungen hinzufügen. Verschiedene Flocken oder Öle können hier eingesetzt werden.

Viele Leute verzichten beim Barfen komplett auf das Getreide, andere wiederum verzichten nicht komplett darauf. Manche Hunde vertragen einfach kein Getreide, wenn dies auch bei Ihnen der Fall ist, lassen Sie es einfach weg. Im Prinzip ist der Hund nicht darauf angewiesen. Hierüber sollten Sie sich im Vorfeld Gedanken machen. Um die Rezepte in diesem Buch passend für Ihren Hund zuzubereiten, können Sie die jeweiligen Zutaten leicht nach dem Gewicht Ihres Hundes berechnen. Wie dies funktioniert, möchte ich Ihnen anhand einer Tabelle gerne zeigen:

Gewicht	**Fisch / Fleisch**	**Milchprodukte**	**Gemüse und Obst**
70 kg	*700 g*	*340 g*	*500 g*
60 kg	*600 g*	*300 g*	*450 g*
50 kg	*550 g*	*280 g*	*350 g*
40 kg	*450 g*	*225 g*	*300 g*
30 kg	*350 g*	*175 g*	*235 g*
20 kg	*270 g*	*130 g*	*200 g*
10 kg	*160 g*	*80 g*	*90 g*
5 kg	*100 g*	*50 g*	*75 g*
2,5 kg	*60 g*	*25 g*	*45 g*

Die Rezepte lassen sich mit relativ wenig Zeitaufwand zubereiten, je nachdem, ob Ihr Fleisch bereits geschnitten ist und ob Sie das Gemüsepüree bereits vorbereitet haben. Gerade bei Obst und Gemüse lohnt es sich, dieses in großen Mengen zu kochen und portionsweise einzufrieren. Dies spart sehr viel Zeit und Sie benötigen für die eigentliche Hundefütterung nicht wesentlich mehr Zeit, als wenn Sie klassisches Nass- oder Trockenfutter füttern würden. Die übrigen Zutaten werden oft einfach mit in den Napf gegeben oder mit dem Püree vermischt. Weiche Fleischteile können nach Bedarf auch püriert werden, Leber zum Beispiel. Kaufen Sie das Fleisch oder den Fisch im Fachhandel, ist es meist schon fertig geschnitten.

Zu Beginn bedarf es sicher etwas mehr Zeit, um die richtige Menge auszurechnen und den Bedarf verschiedener, benötigter Nährstoffe zu decken. Mit der Zeit werden Sie jedoch den Dreh herausbekommen. Lassen Sie sich gerade am Anfang lieber etwas mehr Zeit, denn so können Sie Anfängerfehler gut vermeiden. Barfen bedeutet nämlich auch, dass Sie dies gewissenhaft tun sollten, um Mangelerscheinungen beim Hund zu vermeiden.

Wie immer gibt es auch hier einige Nachteile, beziehungsweise Risiken, die Sie als Besitzer kennen sollten.

Die Keimbelastung bei rohem Fleisch kann relativ hoch sein. Dies kann dazu führen, dass der Darm des Hundes giftige Stoffe bildet, die wiederum die Leber belasten würden. Ausgeschiedene Giftstoffe können sich dann auch negativ auf andere Tiere auswirken. Aus diesem Grund wird die Hygiene beim Barfen großgeschrieben. Achten Sie bereits beim Kauf darauf, wie mit dem Fleisch umgegangen wird, Stichwort: das Tragen von Handschuhen. Auch zuhause sollten Sie darauf achten, dass Sie das Fleisch gründlich reinigen und ebenfalls mit Handschuhen zubereiten. Auch die Arbeitsfläche, auf der Sie das Futter zubereiten, muss unbedingt sauber sein.

Ein weiterer Punkt, der Ihnen bewusst sein sollte, ist eine mögliche Unterversorgung mit Nährstoffen. Das Barfen ist nur dann eine absolut gesunde Fütterungsvariante, wenn es korrekt ausgeführt wird. Denken Sie also daran, dass sich der Bedarf Ihres Hundes durchaus auch ändern kann. Welpen haben einen anderen Bedarf als Junghunde. Dies gilt ebenfalls für Althunde, kranke

Hunde oder trächtige Hündinnen. Zudem können sich bestimmte Inhaltsstoffe gegenseitig beeinflussen beziehungsweise hemmen. Im Umkehrschluss kann Ihr Hund aber zu viele Nährstoffe bekommen, woraus dann eine Übergewichtigkeit entstehen kann. Auch das ist möglich.

Last but not least wird das Barfen in Bezug auf den Umweltschutz nicht gern gesehen. Laut einer Untersuchung gehen etwa 64 Milliarden Tonnen CO_2-Emissionen auf den Fleischkonsum unserer Haustiere zurück. Der Fleischanteil beim Barfen ist natürlich wesentlich höher als bei anderen Füttervarianten.

Nichtsdestotrotz überwiegen die Vorteile und Ihr Hund wird Ihnen danken, wenn Sie sich mit dem Barfen genaustens auseinandersetzen.

Wird der Hund einmal krank, so ergibt sich daraus häufig auch eine Futterumstellung. Die optimale Zusammenstellung der Rohfütterung hängt dann hauptsächlich von der gestellten Diagnose ab sowie davon, wie schwer die Erkrankung ist und wie lange sie anhalten wird. Ein genauer Futterplan sollte dann mit dem behandelnden Tierarzt erarbeitet werden, damit die richtigen Inhaltsstoffe in der richtigen Menge verabreicht werden können. Zudem sollte der Tierarzt regelmäßige Blutwertbestimmungen durchführen, um eine Kontrolle über die Heilung oder auch Verschlechterung der Erkrankung zu haben.

Daneben können Sie aber auch selbst einiges tun, um Ihr krankes Tier zu unterstützen, und auf Qualität und Zusammenstellung Ihres Futters achten.

Erkrankungen der Organe, wie Bauchspeicheldrüse, Leber oder Niere, werden durch zu viele Proteine negativ beeinflusst. Hier ist es also sinnvoll, den Fleischanteil im Futter zu reduzieren und bei dem kleinen Anteil an Fleisch auf eine besonders gute Qualität zu achten, da der Hund dennoch Energie benötigt. Hier bieten sich helle und magere Fleischsorten an, wie Kalb, Pute oder Huhn.

Getreide ist für die wenigsten Erkrankungen von Vorteil, denn das Getreide stellt Kohlenhydrate bereit und damit auch Zucker, von dem sich vorhandene Entzündungen nähren können. Gerade bei Übergewicht oder Diabetes ist es sinnvoll, vollständig auf das Füttern von Getreide zu verzichten.

Um die Verdauung des Hundes zu unterstützen und auch zu schonen, kann eine Futterration auf mehrere kleine Mahlzeiten aufgeteilt werden. So kann das Futter besser verdaut und verwertet werden.
Wenn gerade kranke Tiere wenigen bis gar keinen Appetit haben und Sie den Vierbeiner schlecht an den Napf bekommen, kann es helfen, das Fleisch leicht zu garen. So werden Geruch und Geschmack intensiver und somit für den Hund verlockender.

Hunde, welche an Krebs erkrankt sind, benötigen auf ihrem Speiseplan einen gewissen Fettanteil. Das Fett liefert dem Hund Energie, kann aber von Tumorzellen schlecht verwertet werden. Außerdem können essentielle Fettsäuren freigesetzt werden, welche den Kampf gegen den Krebs unterstützen. Mangold und Brokkoli als Gemüse und Ananas, Himbeeren und Papaya sind gute Ergänzungen dazu. Fisch, Kaninchen und Geflügel sollten etwa 70 % der Portion ausmachen.

Um das Immunsystem Ihres Hundes zu stärken, ist es wichtig, auf eine gute Zufuhr von Vitamin C zu achten. Wählen Sie also Gemüse- und Obstsorten aus, die gute Vitamin-C-Lieferanten sind.

Sollte Ihr Hund aufgrund einer Erkrankung einen Rohstoff nicht zu sich nehmen dürfen, so können Sie gut mit künstlichen Nährstoffen als Zusatz arbeiten. Für die Erstellung eines genauen Futterplans ist es aber immer von Vorteil, diesen Plan mit dem Tierarzt zu besprechen. So können Sie auf Nummer sicher gehen, dass Sie nicht den gegenteiligen Effekt erzielen.

Da es mittlerweile immer häufiger vorkommt, dass auch Hunde vegetarisch ernährt werden, sollten auch hier bestimmte Stoffe künstlich zugeführt werden, um eine Erkrankung durch die Ernährung zu verhindern. Auch wer seinen Hund fleischlos ernähren möchte, fährt mit einer Rohfütterung gut, denn die Vielzahl an Obst- und Gemüsesorten bietet eine abwechslungsreiche Ernährung. In den folgenden Kapiteln möchte ich Ihnen nun eine große Auswahl an Barf-Rezepten vorstellen. Rezepte mit Fisch und Fleisch für die Hauptmahlzeit, Ideen für die Herstellung von Leckerlis oder gar Hunde-Smoothies, aber auch ein paar Rezepte für Welpen, kranke Hunde und Vegetarier sollen dabei sein. Ich wünsche Ihnen viel Freude bei der Zubereitung der Mahlzeiten und Ihrem Vierbeiner im Anschluss einen guten Appetit!

Rezepte mit Fisch

FISCHFILET MIT REIS UND MÖHREN, GEKOCHT

35 Min. Leicht

Zutaten

250 g Reis
1 kleines Stückchen Knollensellerie
1 mittelgroße Kartoffel
1 Suppenknochen
250 g Fischfilet
500 ml Wasser
2 mittelgroße Karotten

1 Geben Sie das Wasser, den Knochen sowie den Reis in einen Topf und kochen Sie die Menge für 20 Minuten. Nehmen Sie den Knochen dann heraus und legen Sie ihn als Knabber-Beschäftigung für später zur Seite.

2 Würfeln Sie dann das Gemüse und geben Sie es für einige Minuten zu dem kochenden Reis dazu. Zerkleinern Sie das Fischfilet und geben Sie es ebenfalls zur Reis-Menge. Kochen Sie alles zusammen noch einmal kräftig auf, füllen Sie es in den Napf hinein und lassen Sie es abkühlen.

FLEISCH UND FISCH

15 Min.

Leicht

Zutaten

Muskelfleisch vom Rind
Apfel, Blattsalat und Pastinake
Wildlachs
Lunge und Leber vom Rind

1 Schneiden Sie das Gemüse sowie den Apfel grob klein und pürieren Sie es mit einem Pürierstab zu einer gleichmäßigen Masse.

2 Lassen Sie den Fisch zunächst auftauen (am besten im Vorfeld), waschen Sie ihn ab und tupfen Sie ihn trocken. Schneiden Sie ihn dann in kleine Würfel und vermischen Sie den Fisch mit dem Püree.

3 Waschen und schneiden Sie dann auch alle Teile des Rinds und schneiden Sie es ebenfalls klein. Mischen Sie nun alles zusammen und verrühren Sie es gut.

ZUCCHINI UND LACHS

15 Min.

Leicht

Zutaten

Zucchiniflocken
gekochter Reis
etwas Öl
Petersilie
gewürfelter Lachs

1 Zunächst bereiten Sie die Zutaten vor. Waschen Sie den Lachs und kochen Sie den Reis.

2 Frische Petersilie wird gewaschen, getrocknet und dann gehackt. Schneiden Sie den Lachs in kleine Würfel und vermischen Sie alle Zutaten dann gründlich miteinander.

LACHS MIT LOLLO ROSSO

15 Min.

Leicht

Zutaten

Tiefgefrorener Wildlachs
Lollo Rosso
Rinderblättermagen
Pastinake
Knochenmehl
Rapsöl

1 Lassen Sie den Lachs auftauen, waschen und schneiden Sie ihn. Waschen Sie auch den Salat und die Pastinake, schneiden Sie beides klein und pürieren Sie es.

2 Mischen Sie das Öl und das Knochenmehl unter das Püree. Schneiden Sie den Blättermagen klein und geben Sie diesen sowie den Lachs unter das Püree.

ZUCCHINI UND FISCH

15 Min.

Leicht

Zutaten

Zucchini
Mineralpulver
Lachsfilet
gekochter Reis
Öl

1 Waschen Sie den Lachs und schneiden Sie ihn klein. Kochen Sie den Reis wie üblich gar.

2 Waschen Sie die Zucchini und geben Sie sie mit dem Öl und dem Mineralpulver in einen Mixer.

3 Pürieren Sie die Menge gründlich. Vermischen Sie das Püree dann mit dem Lachs sowie dem Reis.

FORELLE MIT KARTOFFELN UND KÜRBISKERNEN

15 Min. Leicht

Zutaten

pürierte, gekochte Kartoffeln
geraspelte Karotten
gemahlene Kürbiskerne
gewürfelte Lachsforelle
Kokosmilch

1 Bereiten Sie die Zutaten nach der Zutatenliste vor. Vermischen Sie die Karottenraspel mit dem Kartoffelpüree, der Kokosmilch sowie den gemahlenen Kürbiskernen.

2 Rühren Sie dann den gewaschenen und geschnittenen Fisch darunter. Geben Sie nach Bedarf Zusätze oder Kräuter dazu.

FISCH UND EI

20 Min.

Leicht

Zutaten

Fisch
Ei
Süßkartoffeln
Haferflocken
Blattspinat

1 Waschen Sie den Fisch ab, schneiden Sie ihn klein und geben Sie ihn in den Napf. Waschen Sie das Ei ab und geben Sie das Eigelb sowie die Schale in einen Mixer. Pürieren Sie beides.

2 Das Eiweiß braten Sie in einer Pfanne an. Kochen Sie die Süßkartoffeln in einem Topf in ungesalzenem Wasser weich und weichen Sie währenddessen die Haferflocken ein. Blanchieren Sie den Blattspinat kurz in kochendem Wasser.

3 Vermischen Sie alle Zutaten miteinander und lassen Sie die Menge abkühlen.

LACHS UND SEELACHS

15 Min.

Leicht

Zutaten

Seelachswürfel
Taurin
purer Lachs
Dill

1 Waschen Sie den Lachs und schneiden Sie ihn klein. Vermischen Sie ihn dann mit dem Seelachs sowie dem Taurin.

2 Waschen Sie den Dill, hacken Sie ihn klein und streuen Sie ihn über die Menge.

EDELFISCH MIT PASTINAKE

30 Min.

Leicht

Zutaten

Pastinake
Blattspinat
Äpfel
Rinderleber
Rinderblättermagen
Rinderlunge
Rindermuskelfleisch
Edelfischmix
Rapsöl

1 Schneiden Sie den Fisch sowie das Fleisch in kleine Stücke und füllen Sie alles in den Napf.

2 Waschen Sie das Gemüse und das Obst, schneiden Sie es grob klein und pürieren Sie es dann. Geben Sie dann das Öl darüber.

KABELJAU UND SESAM

40 Min. Leicht

Zutaten

Kabeljaufilets
gemahlener Sesam
gehackte Petersilie
Süßkartoffeln
Sonnenblumenöl
Sesamsamen

1 Heizen Sie den Backofen auf 180 °C Ober-/ Unterhitze vor. Schneiden Sie die Kartoffeln in Würfel und garen Sie die Würfel für 12 Minuten in ungesalzenem Wasser in einem Topf. Prüfen Sie mit einem Messer, ob die Kartoffelwürfel gar sind.

2 Legen Sie eine Backform mit Alufolie aus und geben Sie den Kabeljau darauf. Lassen Sie die Kartoffeln abtropfen und geben Sie sie auf den Fisch. Übergießen Sie alles mit dem Sonnenblumenöl. Backen Sie nun alles für 35Minuten im Backofen.

3 Waschen und hacken Sie währenddessen die Petersilie. Sobald Fisch und Kartoffeln abgekühlt sind, geben Sie die Petersilie, den gemahlenen Sesam sowie die Sesamsamen darüber.

SEEHECHT UND SPINAT

30 Min. Leicht

Zutaten

Spinat
Seehecht
Süßkartoffeln
Paprika
Karotten

1 Waschen Sie zunächst den Fisch und entfernen Sie Gräten und Haut. Schneiden Sie ihn dann in Würfel. Waschen und schneiden Sie auch die übrigen Zutaten.

2 Geben Sie die Karotten und die Kartoffeln in einen Topf mit Wasser und bringen Sie beides zum Kochen. Nach etwa 5 Minuten geben Sie die Paprika sowie den Spinat dazu.

3 Nach weiteren 5 Minuten schalten Sie den Herd ab und lassen die Menge für einige Minuten auf der warmen Platte ziehen. Lassen Sie die Menge dann abtropfen und abkühlen. Vermischen Sie sie dann mit dem Fisch.

Rezepte mit Fleisch

SÜẞKARTOFFELN UND MUSKELFLEISCH

15 Min.

Leicht

Zutaten

Süßkartoffeln
Hühnerhälse
Muskelfleisch vom Rind

1 Schälen Sie zunächst die Süßkartoffeln und schneiden Sie sie klein.

2 Waschen und schneiden Sie auch das Muskelfleisch und geben Sie dann alle 3 Zutaten zusammen.

SPINAT, BIRNE UND RIND

15 Min. Leicht

Zutaten

Birne
Spinat
Leber, Herz und Pansen vom Rind
Muskelfleisch vom Rind

1 Waschen Sie zunächst das Fleisch, tupfen Sie es trocken und schneiden Sie dann alles in bissgerechte Stücke.

2 Waschen Sie Spinat und Birne, schneiden Sie beides grob klein und pürieren Sie es zu einem gleichmäßigen Püree. Streichen Sie das Püree dann auf die Fleischstücke.

HÜHNCHEN, PUTE UND KAROTTE

15 Min.

Leicht

Zutaten

Lachsöl
weiches Gemüse nach Wahl, zum Beispiel gekochte Karotten
gewolftes Huhn
Putenherzen
etwas Fett

1 Waschen und trocknen Sie das Gemüse sowie das Fleisch.

2 Pürieren Sie das Gemüse mit einem Pürierstab und mischen Sie das Fett sowie das Lachsöl darunter.

3 Vermischen Sie dann das Gemüsepüree mit den Fleischstücken.

HÜHNCHENLEBER MIT HIRSE IN KOKOSÖL

15 Min.

Leicht

Zutaten

Hühnchenleber
Kokosöl
Leinöl
Hirse
Rindfleisch

1 Waschen Sie zunächst das Rindfleisch, tupfen Sie es trocken und schneiden Sie es in kleine Stücke.

2 Geben Sie die übrigen Zutaten zusammen und pürieren Sie die Menge. Vermischen Sie das Püree mit dem Fleisch.

PFERD, RUCOLA UND MÖHREN

18 Min. Leicht

Zutaten

Buchweizenflocken
Möhren
Barfers naturals
Eierschalenpulver
Pferdefleisch
Rucola
Dorschlebertran

1 Weichen Sie zunächst die Buchweizenflocken in etwas Wasser ein. Waschen Sie das Gemüse, schneiden Sie es klein und pürieren Sie es mit dem Mixer.

2 Schneiden Sie das Fleisch, falls nötig, klein, waschen Sie es und vermischen Sie es mit dem Püree.

3 Geben Sie dann die Buchweizenflocken sowie Lebertran, Eierschalenpulver und Barfers naturals dazu. Vermischen Sie alles erneut gründlich.

PFERD, RUCOLA UND MÖHREN, GEKOCHTE VARIANTE

18 Min.

Leicht

Zutaten

Buchweizenflocken
Möhren
Barfers naturals
Eierschalenpulver
Pferdefleisch
Rucola
Dorschlebertran
etwas Öl

1 Weichen Sie hier ebenfalls die Buchweizenflocken ein. Waschen Sie das Gemüse und schneiden Sie es klein. Geben Sie es in einen Mixer und zerkleinern Sie es.

2 Waschen und würfeln Sie das Fleisch, geben Sie es dann mit etwas Öl in eine Pfanne und schmoren Sie es für 5 Minuten bei niedriger Hitze.

3 Geben Sie das Gemüse dazu und schmoren Sie es für 2 Minuten mit. Zuletzt rühren Sie alle Zutaten in einer Schüssel zusammen und lassen sie abkühlen.

ROTE BETE UND ENTE

10 Min.

Leicht

Zutaten

Karotten mit Grün
Rote Bete
Habermüsli
Omega-3 Essentials
Enten-Fleischwurst
Sellerie
Mandelmilch
Eierschalenpulver
Seealgenmehl
Hildegards Omega-Öl

1 Raspeln Sie zunächst die Fleischwurst mit einer großen Reibe klein und geben Sie sie in eine Schüssel.

2 Verrühren Sie dann das Habermüsli mit der Mandelmilch und lassen Sie die Menge quellen.

3 Waschen Sie währenddessen das Gemüse, schneiden Sie es klein und pürieren Sie es. Wer das Gemüse dünsten möchte, der gibt es für 8 Minuten in einen Topf mit Deckel und lässt es bei mittlerer Hitze dünsten.

4 Geben Sie das Gemüse zum Fleisch und geben Sie dann die übrigen Zutaten sowie die Müsli-Mischung dazu. Verrühren Sie die Menge.

RIND UND MANGOLD

18 Min. Leicht

Zutaten

Rinderleber
Blättchen von rotstieligem Mangold
Tiefkühl-Erbsen
Fischöl
Suppenfleisch vom Rind mit Fett
Geschälte Süßkartoffeln
Karotten
gehackte Petersilie
Eierschalenpulver

1 Geben Sie das Suppenfleisch in einen Topf und übergießen Sie es mit Wasser, bis es vollständig bedeckt ist.

2 Waschen Sie die Karotten und würfeln Sie diese sowie die geschälten Kartoffeln. Geben Sie beides mit den Erbsen zum Fleisch.

3 Bringen Sie die Menge zum Kochen, und geben Sie die Leber 5 Minuten später dazu. Lassen Sie die Menge dann 15 Minuten simmern.

4 Schneiden Sie die Mangoldblättchen und geben Sie sie kurz vor Ende der Garzeit dazu.

5 Schneiden Sie das Fleisch nach dem Abkühlen etwas kleiner. Mischen Sie dann die Petersilie, das Öl sowie das Eierschalenpulver unter die Menge.

PANSEN MIT KALBSBRUST

15 Min.

Leicht

Zutaten

klein geschnittener Pansen
Karotten
Kalbsbrustbein
Lebertran

1 Pürieren Sie zunächst die Karotten und vermischen Sie sie mit dem Lebertran.

2 Waschen Sie das Kalbsbrustbein und schneiden Sie es in bissgroße Stücke. Verrühren Sie das Karottenpüree mit dem Kalbsbrustbein sowie dem Pansen.

LAMM MIT NIERE UND KAROTTE

15 Min.

Leicht

Zutaten

Rinderniere
Lamm
Karotte
Rinderlunge
Lebertran

1 Waschen Sie das Fleisch und schneiden Sie es klein. Waschen Sie die Karotte, schneiden Sie sie grob klein und raspeln Sie sie fein.

2 Vermischen Sie die Karotte dann mit dem Lebertran. Rühren Sie dann das übrige Fleisch in die Menge.

HÜHNERLEBER, ÄPFEL UND MAJORAN

15 Min.

Leicht

Zutaten

Äpfel
Hühnerleber
Majoran
Öl
1 Ei

1 Waschen und schneiden Sie die Äpfel. Geben Sie die Äpfel, das Öl, das Ei und die Hühnerleber zusammen und pürieren Sie die Menge.

2 Hacken Sie den Majoran und mischen Sie ihn unter die Menge.

INNEREIEN MIT GEMÜSE UND KARTOFFELFLOCKEN

15 Min.

Leicht

Zutaten

grüner Rinderpansen
geraspelte Äpfel und Karotten
laktosefreier Quark
Zusätze nach Bedarf
Rindfleisch
Innereien vom Rind (Lunge, Herz, Leber, Milz, Niere)
gequollene Kartoffelflocken
weicher, roher Kalbsknochen

1 Bereiten Sie die Zutaten vor. Waschen und schneiden Sie das Fleisch, lassen Sie die Kartoffelflocken quellen.

2 Verrühren Sie dann alle Zutaten, außer den Kalbsknochen, miteinander. Der Knochen dient hier als kleiner Nachtisch.

HÜHNCHENWÜRFEL MIT KOKOS UND BLAUBEEREN

15 Min.

Leicht

Zutaten

Hühnerleber, Hühnerherzen, Hühnermagen
Kokosmilch und Kokosfett
Blaubeeren
Süßkartoffeln
gewürfeltes Hühnerfleisch
Kokosflocken
Hühnerhälse
Etwas Öl

1 Bereiten Sie die Zutaten vor. Waschen und schneiden Sie das Fleisch. Waschen Sie die Beeren. Schälen und würfeln Sie die Süßkartoffeln.

2 Pürieren Sie dann die Kartoffeln mit Kokosfett, Kokosmilch, Kokosflocken, Öl und Beeren. Rühren Sie dann das geschnittene Fleisch mit dem Püree zusammen.

LAMM MIT BIRNE UND GURKE

15 Min.

Leicht

Zutaten

Lammpansen
geraspelte Birne und Gurke
laktosefreier Naturjoghurt
gewolftes Lammfleisch
Herz und Leber vom Lamm
gepuffte Hirse
Lammrippen

1 Bereiten Sie die Zutaten vor. Waschen Sie die Birne und die Gurke und raspeln Sie beides klein. Waschen und schneiden Sie dann das Fleisch.

2 Vermischen Sie zuletzt alles Zutaten, außer die Lammrippen, mit dem Naturjoghurt. Verfüttern Sie die Lammrippen im Anschluss als Nachtisch und unter Aufsicht.

WILD MIT REISFLOCKEN UND LEINSAMEN

15 Min.

Leicht

Zutaten

Innereien vom Wild (Milz, Niere, Herz, Leber, Pansen)
gequollene Reisflocken
Leinöl
Wildmuskelfleisch in Würfeln
gekochter und pürierter Brokkoli
geschrotete Leinsamen
fleischige, rohe Rippchen

1 Bereiten Sie die Zutaten vor. Waschen und schneiden Sie das Wildfleisch, kochen und pürieren Sie den Brokkoli, lassen Sie die Reisflocken quellen.

2 Vermischen Sie dann den Brokkoli mit Leinsamen, Leinöl und Reisflocken.

3 Mischen Sie das Fleisch unter das Püree. Servieren Sie die rohen Rippchen im Anschluss als Knabberei.

PUTENHERZEN IN LACHSÖL

15 Min.

Leicht

Zutaten

Lachsöl
Karotten
Etwas Fett
Putenherzen
Hühnerfleisch

1 Waschen und schneiden Sie das Fleisch klein.

2 Schälen Sie Karotten, schneiden Sie sie klein und pürieren Sie sie zusammen mit dem Fett sowie dem Lachsöl.

3 Vermischen Sie das Püree mit den Fleischstücken.

HUHN MIT FETT UND ALGEN

15 Min.

Leicht

Zutaten

Seealgen
Obst-Mix
Gemüse nach Wahl
Hühnerhälse
Huhn mit Fett

1 Waschen Sie zunächst das Fleisch und schneiden Sie es klein.

2 Schneiden Sie das Gemüse sowie das Obst und pürieren Sie es zusammen mit den Algen zu einem Brei.

3 Vermischen Sie den Brei dann mit den Fleischstücken.

BLÄTTERMAGEN MIT KARTOFFELN

15 Min.

Leicht

Zutaten

Süßkartoffeln
Kalbsbrustbein
Blättermagen

1 Waschen und schälen Sie die Kartoffeln. Schneiden Sie sie klein und pürieren Sie sie.

2 Waschen und schneiden Sie auch das Fleisch und vermischen Sie es mit dem Süßkartoffelbrei.

INNEREIEN, LAMM UND LEBERTRAN

15 Min.

Leicht

Zutaten

Karotten
Lebertran
Innereien vom Lamm
Fleisch vom Lamm

1 Waschen und schneiden Sie das Fleisch klein. Schälen Sie Karotten, schneiden Sie sie klein und pürieren Sie sie zusammen mit dem Lebertran.

2 Vermischen Sie das Püree mit den Fleischstücken.

PFERD IN FISCHÖL

15 Min.

Leicht

Zutaten

Fischöl
Zucchini
Ei
Fleisch vom Pferd

1 Waschen Sie zunächst das Fleisch und schneiden Sie es in kleine Stücke.

2 Schälen Sie die Zucchini, schneiden Sie sie klein und pürieren Sie sie zusammen mit dem Ei sowie dem Fischöl.

3 Vermischen Sie das Püree mit den Fleischstücken.

HUHN, APFEL UND ALGEN

15 Min.

Leicht

Zutaten

Hähnchenrücken
Seealgenmehl
Äpfel
Fleisch vom Huhn mit Fett

1 Waschen Sie zunächst das Fleisch und schneiden Sie es in kleine Stücke.

2 Waschen Sie die Äpfel und schneiden Sie sie klein. Pürieren Sie sie dann zu einem feinen Mus und mischen Sie das Seealgenmehl darunter.

3 Verrühren Sie das Fleisch mit dem Mus.

KALBSBRUSTBEIN UND PANSEN

15 Min.

Leicht

Zutaten

Kalbsbrustbein
Lebertran
Kartoffeln
Pansen

1 Waschen Sie zunächst das Kalbsfleisch sowie den Pansen und schneiden Sie beides klein.

2 Schälen Sie die Kartoffeln, schneiden Sie sie klein und pürieren Sie sie zusammen mit dem Lebertran.

3 Verrühren Sie das Lebertran-Püree mit Pansen und Kalbsfleisch.

SÜßKARTOFFELN, ALGEN UND HÜHNERHÄLSE

15 Min. Leicht

Zutaten

Süßkartoffeln
Seealgen
Hühnerhälse
Fleisch vom Rind

1 Waschen Sie zunächst das Rindfleisch und die Hühnerhälse. Schneiden Sie beides klein.

2 Waschen und würfeln Sie die Kartoffeln und pürieren Sie sie mit einem Pürierstab. Vermischen Sie dann Püree, Algen und Fleisch.

KOKOS-HÜHNCHEN

15 Min.

Leicht

Zutaten

Süßkartoffeln
Kokosmilch
Kokosflocken
Fleisch vom Huhn
Eier
Karotten

1 Waschen und schneiden Sie das Fleisch klein. Schälen Sie Karotten, schneiden Sie sie klein und pürieren Sie sie zusammen mit der Kokosmilch und den Kokosflocken.

2 Vermischen Sie das Püree mit den Fleischstücken. Waschen Sie die Kartoffeln und schneiden Sie sie in kleine Würfel. Geben Sie die Würfel zu Fleisch und Püree und geben Sie dann das Ei über die Menge.

PUTE UND SPECK

10 Min.

Leicht

Zutaten

Speck
BARF-Öl
Pute
Rote Bete

1 Waschen Sie das Fleisch und schneiden Sie es klein. Schneiden Sie auch die Rote Bete klein und pürieren Sie sie mit dem Öl.

2 Zerkleinern Sie den Speck und vermischen Sie dann alles gründlich miteinander.

RIND MIT MÖHREN

15 Min.

Leicht

Zutaten

Möhren
Eigelb
BARF-Öl
Rindfleisch
Himbeeren
Mineralpulver

1 Waschen Sie zunächst das Fleisch und schneiden Sie es klein. Waschen Sie die Beeren und lassen Sie sie abtropfen. Waschen Sie die Möhren und raspeln Sie diese klein.

2 Pürieren Sie nun die Möhren mit Eigelb, Himbeeren und Öl. Mischen Sie dann das Mineralpulver in die Menge hinein und vermischen Sie das Püree dann mit dem Fleisch.

HÜHNERLEBER MIT REIS

30 Min.

Leicht

Zutaten

Hühnerleber
Reis
Butter
Brühe
Möhre
Ei

1 Waschen Sie die Hühnerleber und schneiden Sie sie klein. Geben Sie dann die Leber und den Reis mit der Butter und der Brühe in einen Topf und garen Sie alles gemeinsam.

2 Geben Sie dann das Ei dazu und lassen Sie es stocken. Waschen Sie die Möhren und raspeln Sie diese klein. Geben Sie die Möhren kurz vor Ende der Garzeit mit in den Topf. Zuletzt bröckeln Sie die Eierschale über das fertige Futter.

KÄNGURU MIT KRESSE

15 Min.

Leicht

Zutaten

Taurin
Pferdefleisch
Kresse

1 Waschen Sie die Kresse sowie das Fleisch und schneiden Sie beides klein.

2 Vermischen Sie die Menge mit dem Taurin.

KANINCHEN IN KOKOSÖL

30 Min.

Leicht

Zutaten

Kaninchenfleisch
Kokosöl
Kokosflocken
Minze
Karotten

1 Waschen Sie zunächst das Fleisch und schneiden Sie es klein. Waschen Sie die Minze, zupfen Sie die Blätter ab und hacken Sie diese klein. Waschen Sie die Karotten und raspeln Sie diese.

2 Vermischen Sie das Fleisch mit der Minze, dem Kokosöl und den Kokosflocken und füllen Sie die Menge in den Napf. Geben Sie die Karottenraspel darüber.

RINDERGULASCH

30 Min. Leicht

Zutaten

Blättermagen
Karotten
Leinöl
Rindergulasch
gewolfte Entenhälse
Rote Bete

1 Waschen Sie zunächst das Gulasch sowie Blättermagen und Entenhälse. Schneiden Sie die Hälse und den Magen auf Gulasch-Größe klein.

2 Waschen Sie die Rote Bete und die Karotten, schneiden Sie sie klein und pürieren Sie beides mit dem Leinöl.

3 Vermischen Sie das Püree mit dem Fleisch.

RINDERHACK MIT BANANE

15 Min. Leicht

Zutaten

Möhren
Bananen
Äpfel
Hüttenkäse
Lachsöl
Hackfleisch vom Rind

1 Zerkleinern Sie die geschälten Bananen, Möhren und Äpfel und pürieren Sie alles.

2 Geben Sie das Obst-Gemüse-Püree sowie den Hüttenkäse zum Hackfleisch und rühren Sie dann das Lachsöl unter.

ZIEGE, HIRSE UND GEMÜSE

15 Min. Leicht

Zutaten

Muskelfleisch von der Ziege
Innereien von der Ziege
Kürbis
Hirse
Seealgen
Fischöl
Knochenmehl
Petersilie

1 Waschen Sie zunächst das Fleisch und schneiden Sie es klein. Füllen Sie es in den Napf.

2 Schneiden Sie den Kürbis auf und entnehmen Sie das Fruchtfleisch. Waschen Sie die Petersilie und schneiden Sie sie klein.

3 Geben Sie die Hirse in etwas Wasser und lassen Sie diese für 15 Minuten quellen.

4 Anschließend geben Sie alle Zutaten, außer das Fleisch, in einen Mixer und pürieren die Menge. Zuletzt vermischen Sie das Püree mit dem Fleisch.

KNOCHENSUPPE

40 Min.

Leicht

Zutaten

Knollensellerie
Karotte
Salz
Apfelessig
Markknochen
Wasser

1 Waschen Sie zunächst den Knollensellerie sowie die Karotte und schneiden Sie diese in kleine Stücke.

2 Befüllen Sie nun einen Kochtopf mit Wasser und geben Sie den Essig sowie das Salz dazu und legen Sie die Markknochen hinein. Kochen Sie das Wasser abgedeckt auf und lassen Sie es für 20 Minuten köcheln.

3 Nehmen Sie den Topf vom Herd und sieben Sie die Suppe ab. Lassen Sie die Suppe etwa auf Zimmertemperatur abkühlen. Sie können die Suppe problemlos für weitere Mahlzeiten einfrieren.

Rezepte für Welpen

REIS UND HÜHNCHEN, GEKOCHT

20 Min. Leicht

Zutaten

Hühnerbrust
Olivenöl
Vollkornreis
Karotten
Knochenmehl

1 Kochen Sie zunächst den Reis wie üblich. Schneiden Sie die Karotten sowie die Hühnerbrust in Stückchen und braten Sie beides in Olivenöl an.

2 Mischen Sie dann das Knochenmehl unter die Menge. Lassen Sie die Mahlzeit abkühlen.

MUSKELFLEISCH, SPINAT UND BIRNE

15 Min.

Leicht

Zutaten

Rinderleber
Pansen
Rinderherz
Muskelfleisch vom Rind
Birne
Spinat
Knochenmehl
Leinöl
Basilikum n. B.

1 Waschen Sie zunächst alle Zutaten vom Rind und schneiden Sie diese klein. Füllen Sie alles in einen Napf.

2 Waschen Sie den Spinat und die Birne und pürieren Sie beides. Geben Sie das Püree über das Fleisch.

3 Rühren Sie dann das Knochenmehl sowie das Leinöl unter. Nach Bedarf können Sie auch noch etwas gehacktes Basilikum dazugeben.

WILDLACHS MIT BLATTSALAT

15 Min.

Leicht

Zutaten

100 g Muskelfleisch vom Rind
Rinderleber
Rinderblättermagen
Rinderlunge
Wildlachs
Lollo Rosso
Äpfel
Pastinake
Rapsöl
Knochenmehl

1 Lassen Sie den Wildlachs im Vorfeld auftauen und schneiden Sie ihn dann klein. Schneiden Sie auch das Fleisch vom Rind klein und füllen Sie Rind und Lachs in den Napf.

2 Waschen Sie nun das Obst und das Gemüse, schneiden Sie es klein und pürieren Sie es anschließend.Geben Sie es über das Fleisch. Zuletzt geben Sie das Öl sowie das Knochenmehl über die Menge.

VEGETARISCH – FRISCHKÄSE MIT BEEREN

15 Min. Leicht

Zutaten

gemischter Blattsalat
Möhren
Äpfel
Süßkartoffeln
Heidelbeeren

Nährwerte p. P.

1 Schneiden Sie die Süßkartoffeln in Würfel und kochen Sie sie in ungesalzenem Wasser gar.

2 Pürieren Sie die Kartoffeln dann zusammen mit den gewaschenen und kleingeschnittenen Äpfeln, Beeren, Möhren sowie mit dem Salat. Geben Sie das Gemüse hinzu und vermischen Sie alles miteinander.

REH UND NUDELN

30 Min.

Leicht

Zutaten

Nudeln
Karotte
Ziegenfrischkäse
Rehfleisch vom Hals
gehackter, junger Fenchel
Kokosöl

1 Kochen Sie zunächst die Nudeln in ungesalzenem Wasser gar. Waschen Sie die Karotte und schneiden Sie sie klein.

2 Waschen Sie das Fleisch und schneiden Sie es in kleine Würfel. Pürieren Sie die Karotte und vermischen Sie zuletzt alle Zutaten miteinander.

HÜHNERFLEISCH MIT SPIRULINA

15 Min. Leicht

Zutaten

Muskelfleisch vom Rind
Hühnerfleisch
Spirulina
Bierhefe
Brombeerblätter
Brennnesselblätter
Kürbiskernöl

1 Waschen Sie das Fleisch und schneiden Sie es klein. Hacken Sie die Brennnesselblätter sowie die Brombeerblätter und geben Sie sie über das Fleisch.

2 Schneiden Sie die Spirulina klein und geben Sie diese mit dem Fleisch, dem Öl und der Bierhefe zusammen. Verrühren Sie alles gründlich.

RINDFLEISCH, APFEL, KAROTTE

40 Min. Leicht

Zutaten

Suppenfleisch mit Knochen
Karotten
Petersilie und Dill
Kartoffeln
Äpfel
Salz
Pflanzenöl

1 Kochen Sie das Suppenfleisch etwa 30 Minuten lang und geben Sie eine Prise Salz dazu. Schneiden Sie die Karotten in Stücke und geben Sie diese dazu.

2 Sind die Karotten weich, geben Sie den Dill sowie die Petersilie in den Topf. Kochen Sie die Kartoffeln separat weich und fügen Sie etwas Pflanzenöl dazu.

3 Schneiden Sie das Fleisch dann in mundgerechte Stücke und pürieren Sie Karotten, Kartoffeln und etwas Fleischbrühe zu einem Püree.

4 Geben Sie nun das Fleisch in den Napf, das Püree darüber und raspeln Sie etwas Apfel auf die Menge.

SEELACHS MIT KAROTTEN

20 Min.

Leicht

Zutaten

gekochter Reis
Karotten
Petersilie und Dill
Seelachs
Kartoffel
Leinöl

1 Kochen Sie den Fisch zusammen mit der Kartoffel sowie den geraspelten Karotten gar. Geben Sie etwas Leinöl dazu.

2 Geben Sie dann zunächst den Fisch in den Napf, geben Sie dann die Karotten, den vorgekochten Reis, die Kartoffel, etwas Brühe aus dem Topf und zuletzt die Kräuter darauf.

Vegetarische Rezepte

KOHLRABI-SUPPE – VEGETARISCH

15 Min.

Leicht

Zutaten

Petersilie und Basilikum
Karotten
Kohlrabi
Frischkäse
Gemüsebrühe
Salz

1 Kochen Sie das Gemüse weich und salzen Sie es. Fügen Sie dann die Kräuter hinzu.

2 Pürieren Sie alles zu einem Püree und verdünnen Sie die Menge mit etwas Gemüsebrühe. Vermischen Sie die Menge dann mit dem Frischkäse.

GEMÜSE ALLERLEI

20 Min.

Leicht

Zutaten

Äpfel
gemischte Beeren
Möhren
Blattsalat
Süßkartoffeln
körniger Frischkäse
Hanföl

1 Schneiden Sie die Süßkartoffeln in Würfel und kochen Sie sie in Wasser ohne Salz gar. Waschen Sie das Obst und das Gemüse und schneiden Sie es grob klein.

2 Pürieren Sie es dann mit den Süßkartoffeln. Vermischen Sie nun alles mit dem Frischkäse sowie dem Öl.

LINSENEINTOPF

20 Min.

Leicht

Zutaten

Leinöl
Ei
geschredderte Sonnenblumenkerne
Birne
Quark
Zucchini
gekochte Kartoffeln
Linsen aus der Dose

1 Lassen Sie die Linsen abtropfen und schneiden Sie das Obst und das Gemüse klein. Geben Sie es mit den Linsen sowie dem Quark in einen Mixer und pürieren Sie die Menge.

2 Schneiden Sie die Kartoffeln grob klein und vermischen Sie sie mit dem Püree sowie den Sonnenblumenkernen. Geben Sie dann das Ei sowie das Öl über die Menge.

REIS UND BUTTERMILCH

20 Min.

Leicht

Zutaten

Hüttenkäse
Fenchel
Möhren
Buttermilch
gekochter Reis
Zucchini

1 Waschen Sie das Gemüse, schneiden Sie es grob klein und pürieren Sie es.

2 Kochen Sie den Reis weich. Verrühren Sie dann den Reis mit dem Gemüse, dem Püree, der Buttermilch sowie dem Hüttenkäse.

KICHERERBSEN MIT CHIASAME

  15 Min.  Leicht

Zutaten

Chiasamen
Fenchel
gekochter Haferbrei
Chicorée
gekochte Kichererbsen

1 Lassen Sie die Chiasamen zuvor für etwa 12 Stunden in Wasser einweichen.

2 Kochen Sie den Haferbrei sowie die Kichererbsen vor.

3 Zuletzt schneiden Sie noch den Chicorée sowie den Fenchel klein und vermischen dann alle Zutaten miteinander.

TOFU, ROTE LINSEN UND BANANE

20 Min.

Leicht

Zutaten

Hanföl
Banane
Mineralstoffpulver
Tofu
Zucchini und Karotte
rote Linsen

1 Geben Sie zunächst die Linsen in eine Pfanne und kochen Sie sie darin. Währenddessen waschen Sie die Karotte sowie die Zucchini und raspeln beides klein.

2 Zerbröseln Sie den Tofu, schälen Sie die Banane und zerdrücken Sie sie mit einer Gabel.

3 Sobald die Linsen weich sind, zerdrücken Sie auch diese. Vermischen Sie nun alle Zutaten miteinander und lassen Sie die Mischung abkühlen.

KAROTTENSUPPE

1 Std.
40 Min.

Leicht

Zutaten

Salz
Karotten
Wasser

1 Schälen Sie die Karotten und schneiden Sie sie in kleine Stücke. Entfernen Sie die Enden der Karotten. Geben Sie die Karotten mit genügend Wasser in einen Topf und lassen Sie alles für 1,5 Stunden köcheln.

2 Pürieren Sie die Möhren dann mit einem Pürierstab und rühren Sie etwas Salz in das Püree. Lassen Sie die Menge gut abkühlen.

Rezepte für kranke Hunde

DIÄT BEI NIERENERKRANKUNG

  20 Min.  Leicht

Zutaten

gewolftes Rinderherz
Zucchini
Gurke
Habermüsli
Eierschalenpulver
Seealgenmehl
gekochtes, mageres Rindfleisch
Wachteleier
Brokkoli
eingeweichte Kürbiskerne
Kokoswasser
Lebertran
Hildegards Roborans-Kapseln

1 Waschen Sie das Fleisch und schneiden Sie es klein. Mischen Sie es dann gut durch.

2 Waschen Sie das Gemüse, schneiden Sie es klein und pürieren Sie es.

3 Geben Sie dann das Kokoswasser, das Habermüsli und die Kürbiskerne dazu und lassen Sie die Menge 10 Minuten lang ziehen.

4 Heben Sie dann das Fleisch und die Wachteleier unter. Zuletzt rühren Sie die Kapseln, den Lebertran, das Seealgenmehl und das Eierschalenpulver unter.

BARF-REZEPT BEI ÜBERGEWICHT

15 Min.

Leicht

Zutaten

100 g Pansen
50 g Karotten
20 g Rote Bete
150 g Rinder-Muskelfleisch
30 g Innereien (Niere, Leber, Herz)
20 g Pastinake
30 g Äpfel

1 Bereiten Sie die Zutaten vor.

2 Waschen Sie das Fleisch und schneiden Sie es in kleine Stücke. Waschen Sie Obst und Gemüse und raspeln Sie es klein.

3 Pürieren Sie beides zu einem Brei. Zuletzt vermischen Sie das Fleisch gründlich mit dem Brei.

MUSKELFLEISCH BEI ÜBERGEWICHT

15 Min.

Leicht

Zutaten

Gemüse nach Wahl
verschiedene Innereien (Leber, Herz, Lunge)
Muskelfleisch vom Lamm oder Rind
Eierschalenpulver
Lachsöl

1 Waschen und schneiden Sie das Fleisch sowie die Innereien.

2 Waschen Sie das Gemüse, schneiden Sie es klein und pürieren Sie es mit dem Lachsöl.

3 Vermischen Sie das Püree dann mit dem Eierschalenpulver sowie dem Fleisch.

HÜHNCHEN BEI ÜBERGEWICHT

15 Min. Leicht

Zutaten

beliebiges Gemüse
Hühnermagen und Rinderlunge
Taurin

1 Bereiten Sie die Zutaten vor.

2 Schneiden Sie das Fleisch und auch das Gemüse klein, nachdem Sie es gewaschen haben.

3 Pürieren Sie das Gemüse fein. Vermischen Sie dann beides mit dem Taurin.

MUSKELFLEISCH BEI ERKRANKUNG VON HERZ, LEBER ODER BAUCHSPEICHELDRÜSE

15 Min.

Leicht

Zutaten

Muskelfleisch vom Rind
Quark
Hüttenkäse
Gemüse nach Bedarf
Hagebuttenpulver

1 Waschen Sie das Fleisch und schneiden Sie es klein. Waschen und schneiden Sie auch Ihr Gemüse.

2 Pürieren Sie dann das Gemüse mit dem Hüttenkäse und vermischen Sie das Püree mit dem Quark sowie dem Hagebuttenpulver.

3 Verrühren Sie die Menge dann mit dem Fleisch.

GRUNDREZEPT BEI DURCHFALL

1 Std. 40 Min. Leicht

Zutaten

1 TL Natursalz
1 Liter Wasser
500 g geschälte Möhren

1 Waschen Sie die Möhren und schneiden Sie sie in Stücke. Geben Sie dann Möhren, Wasser und Salz in einen Topf und lassen Sie alles für 1 ½ Stunden köcheln. Anschließend pürieren Sie die Menge und geben erneut 1 Liter Wasser dazu.

2 Die Zuckermoleküle, welche bei der langen Kochzeit freigesetzt werden, ähneln den Darmrezeptoren und lassen Bakterien an sich selbst statt an der Darmwand andocken. So können die Bakterien einfach ausgeschieden werden.

AUFBAUREZEPT BEI UNTERGEWICHT

30 Min. Leicht

Zutaten

½ Tasse gewürfelte Karotten
½ Tasse Wasser
1 kleine Süßkartoffel
500 g Rindfleisch für Suppen
½ Tasse gewürfelte Bohnen
½ Tasse Mehl
1 EL Pflanzenöl

1 Legen Sie die Süßkartoffel für etwa 8 Minuten in die Mikrowelle, damit sie weicher wird.

2 Waschen Sie das Fleisch und schneiden Sie es in kleine Stücke. Erhitzen Sie das Pflanzenöl in einer Pfanne und geben Sie das Fleisch hinein.

3 Braten Sie das Fleisch für 10 Minuten an. Nehmen Sie das Fleisch heraus und heben Sie das Öl aus der Pfanne auf.

4 Schneiden Sie jetzt die Süßkartoffel klein, erhitzen Sie das Öl erneut und fügen Sie Wasser und Mehl hinzu.

5 Geben Sie dann die Bohnen, die Karotten, das Fleisch und die Süßkartoffel dazu und verrühren Sie alles miteinander.

6 Lassen Sie die Menge etwa 10 Minuten lang köcheln. Lassen Sie die Menge dann vollständig abkühlen.

ZWEITES REZEPT BEI UNTERGEWICHT

50 Min.

Leicht

Zutaten

40 g ungesüßte Kokos-nuss
1 gewürfelte Zucchini
1,4 kg Truthahnhack
1 EL Kalzium-Pulver
1 geraspelte Möhre
1 Liter Wasser
1 gehackter Apfel
1 EL Olivenöl
80 g Kürbispüree
1 geschredderter Kürbis
150 g ungekochte Hirse

1 Bereiten Sie die Zutaten vor.

2 Erhitzen Sie einen Topf mit Wasser und lassen Sie das Wasser köcheln. Geben Sie dann die Hirse hinein und kochen Sie diese weich. Lassen Sie die Hirse dann abtropfen.

3 Stellen Sie einen weiteren Topf mit Wasser auf den Herd und erwärmen Sie das Wasser. Kochen Sie den Truthahn mit dem Olivenöl darin und lassen Sie den Truthahn dann abtropfen.

4 Geben Sie nun alle Zutaten zusammen und verrühren Sie sie gründlich. Lassen Sie die Menge vor dem Füttern vollständig abkühlen.

HAUT UND VERDAUUNG

50 Min.

Leicht

Zutaten

Fleisch vom Lamm
Kürbis
Innereien vom Lamm
Kokosöl
Kokosflocken
Fischöl

1 Waschen Sie das Fleisch und schneiden Sie es klein. Schneiden Sie den Kürbis auf und entnehmen Sie das Fruchtfleisch.

2 Vermischen Sie das Fruchtfleisch mit dem Kokosöl, den Kokosflocken und dem Fischöl und pürieren Sie die Menge.

3 Vermischen Sie Ihr Püree dann mit dem Fleisch.

Hundekekse und Leckerlis

BANANEN-LECKERLIS

Hunde dürfen durchaus Bananen fressen und viele Hunde lieben die köstliche Frucht auch. Durch ihre weiche Konsistenz lässt sich die Banane wunderbar verarbeiten, besonders dann, wenn die Banane schon etwas reifer ist. Die Banane lässt sich auch prima mit weiteren Zutaten mischen, sodass Sie mit dieser Frucht als Grundlage dennoch viele unterschiedliche Leckerlis zaubern können.

GRUNDREZEPT MIT BANANE

Zutaten

1 TL Öl
200 g Reismehl
1 Ei
1 Banane

1 Heizen Sie Ihren Backofen auf 160 °C Ober-/Unterhitze vor.

2 Geben Sie die Banane mit dem Öl sowie dem Ei zusammen und pürieren Sie die Menge.

3 Jetzt kneten Sie das Reismehl unter die Mischung, bis Sie einen gleichmäßigen Teig erhalten. Rollen Sie Ihren Teig aus und stechen Sie ihn beliebig aus.

4 Backen Sie die Kekse dann für etwa 15 Minuten und lassen Sie sie dann abkühlen.

BANANE MIT ERDNUSSBUTTER

In Maßen dürfen Hunde gerne einmal an der Erdnussbutter schlecken. Wenn Sie Bedenken wegen des hohen Fettgehalts in der Erdnussbutter haben, sprechen Sie zunächst mit Ihrem Tierarzt darüber. Gerne können Sie die Erdnussbutter auch selbst herstellen und diese ohne Zucker zubereiten. Gekaufte Erdnussbutter aus dem Supermarkt sollte jedoch keinen Birkenzucker (Xylit) enthalten, denn dieser Stoff ist für Hunde toxisch.

20 Min.

Leicht

Zutaten

1 Ei
1 Banane
Erdnussbutter
Mehl

1 Geben Sie das Ei und die Banane zusammen. Fügen Sie dann beliebig viel Erdnussbutter hinzu. Dann kneten Sie so viel Mehl hinein, dass ein geschmeidiger Teig entsteht.

2 Rollen Sie dann den Teig wie gewohnt aus und stechen Sie ihn nach Lust und Laune mit Förmchen aus.

3 Anstelle des Mehls können Sie auch gewöhnliche Kartoffelstärke nehmen.

4 Backen Sie Ihre Kekse dann bei 170 °C Ober- /Unterhitze für etwa 15 Minuten.

BANANENREZEPT MIT BACKMATTE

Leckerlis für Ihren Vierbeiner können Sie toll mit einer Backmatte herstellen. Die Matten werden aus Silikon hergestellt, so wie viele weitere Backutensilien auch. Sie sparen sich das Ausstechen, die Leckerlis haben eine schöne Größe und sie lassen sich wunderbar aus der Matte lösen.

Im Prinzip benötigen Sie hierfür nur eine Banane pro Matte und etwas Kartoffelmehl, etwas Öl und Eier (2 oder 3). Geben Sie die Zutaten zusammen und pürieren Sie diese zu einem gleichmäßigen Teig. Mit einer Kelle können Sie den Teig dann auf der Backmatte verteilen. Die Leckerlis werden dann für etwa 45 Minuten bei 150 °C Ober-/Unterhitze gebacken. Öffnen Sie dann die Backofentür und lassen Sie die Kekse noch eine Zeit lang nachtrocknen. Alle Leckerlis können Sie übrigens problemlos einfrieren, sodass es sich lohnt, eine große Menge auf einmal herzustellen.

HONIG-BANANEN-SNACK

Noch ein schnelles, leckeres und zudem gesundes Rezept zur Herstellung von Hundekeksen. Auch Honig ist bei Hunden sehr beliebt und darf in Maßen gefüttert werden. Verwenden Sie den Honig dennoch eher sparsam und nutzen Sie ihn als dezentes Süßungsmittel. Ein Bio-Honig ist hier natürlich die beste Wahl. Ein Teelöffel Öl lässt den Teig angenehm geschmeidig werden. Geeignet sind geschmacksneutrale und hoch erhitzbare Öle wie Mais-, Raps- oder Sonnenblumenöl. Für eine leichte Färbung der Leckerlis kann auch Kürbiskernöl sorgen.

20 Min.

Leicht

Zutaten

Bananen
Honig
Öl
Ei
Mehl

1 Vermischen Sie zunächst Ei, Öl, Honig und Bananen. Kneten Sie dann das Mehl darunter und entscheiden Sie, welche Konsistenz Sie erreichen möchten.

2 Rollen Sie den Teig aus und bringen Sie die Leckerlis in Ihre gewünschte Form. Backen Sie sie dann bei 180 °C Ober-/Unterhitze für 15 Minuten.

Leckerlis mit Fisch und Fleisch

WURSTKÜGELCHEN

Zutaten

100 g feine Haferflocken
1 Ei
100 g grobe Haferflo-
cken
100 g Leberwurst
6 EL Olivenöl
150 g Hüttenkäse

1 Vermischen Sie ganz einfach alle Zutaten zu einem gleichmäßigen Teig. Ist der Teig zu fest, geben Sie einfach noch etwas Wasser dazu.

2 Formen Sie dann kleine Kügelchen aus dem Teig (natürlich können Sie auch eine andere Form Ihrer Wahl nehmen).

3 Legen Sie die Kugeln dann auf ein Backblech mit Backpapier und backen Sie sie für 30 Minuten bei 180 °C Ober-/Unterhitze im Backofen.

4 Anschließend müssen Sie die Kügelchen nur noch abkühlen lassen.

THUNFISCH-KEKSE

Zutaten

75 g Butter
1 Ei
1 Dose Thunfisch
500 g Mehl
Etwas Wasser

1 Vermischen Sie alle Zutaten in einer großen Schüssel und formen Sie Ihre Kekse nach Belieben daraus.

2 Heizen Sie den Backofen auf 120 °C Ober-/Unterhitze vor und backen Sie Ihre Kekse dann für etwa 30 Minuten, bis sie beginnen, zu bräunen.

KRÄUTER-KÄSE-SNACK

Zutaten

500 g Buchweizenmehl
1 Ei
500 g Leber oder Thunfisch
400 ml Buttermilch
1 Handvoll Kräuter

1 Pürieren Sie zunächst den Thunfisch oder die Leber. Vermischen Sie den Thunfisch mit den restlichen Zutaten zu einer eher flüssigen Masse.

2 Bereiten Sie zwei Backbleche mit Backpapier vor und verteilen Sie die Masse darauf. Streichen Sie sie dann glatt.

3 Backen Sie den Teig für 30 Minuten bei 200 °C Ober-/Unterhitze.

4 Lassen Sie den Teig dann abkühlen. Er lässt sich prima mit einem Pizzaroller zurechtschneiden.

GEBURTSTAGS-TORTE

Zutaten

400 g Buchweizenmehl
Eine Handvoll Kräuter
400 g Leber
3 Eier

1 Pürieren Sie zunächst die Leber und vermischen Sie sie dann mit den Eiern sowie dem Mehl und geben Sie die Kräuter dazu. Kneten Sie alles zu einem gleichmäßigen Teig.

2 Fetten Sie eine Kastenform ein und füllen Sie den Teig hinein. Backen Sie die Torte für 30 Minuten bei 200 °C Ober-/Unterhitze im Backofen.

3 Nach dem Abkühlen können Sie die Torte wie üblich in Scheiben schneiden.

THUNFISCH-DROPS

40 Min.

Leicht

Zutaten

Ei
gemischte Kräuter
Pflanzenöl
Thunfisch im eigenen Saft
Haferflocken

1 Lassen Sie den Fisch abtropfen und verarbeiten Sie dann alle Zutaten zu einem gleichmäßigen Teig.

2 Rollen Sie den Teig zwischen zwei Blättern Backpapier aus und backen Sie ihn bei 180 °C Umluft auf der untersten Schiene für 30 Minuten.

3 Schneiden Sie den Teig anschließend in Streifen und dann in kleine Stücke.

GOLDENE PASTE

10 Min.

Leicht

Zutaten

schwarzer Pfeffer
Kokosnussöl
Kurkumapulver
Wasser

1 Geben Sie das Wasser sowie das Kurkumapulver in einen kleinen Topf, bringen Sie die Menge zum Kochen und lassen Sie sie etwa 10 Minuten köcheln. Nun sollte eine zähe Paste entstehen.

2 Nehmen Sie den Topf nun vom Herd und fügen Sie das Kokosnussöl sowie den schwarzen Pfeffer hinzu. Rühren Sie so lange, bis alle Zutaten gut vermischt sind.

3 Jetzt können Sie die Paste in saubere Schraubgläser umfüllen und im Kühlschrank gute 3 Wochen aufbewahren.

Hunde-Smoothies

SMOOTHIE MIT HÜHNERHERZEN

10 Min.

Leicht

Zutaten

Hühnerbrühe
Leinöl
Hüttenkäse
Hühnerherzen
frische Kräuter n. B.

1 Schneiden Sie das Fleisch grob klein und geben Sie es dann mit den übrigen Zutaten in einen Mixer.

2 Mixen Sie alles zu einem breiigen Smoothie, nach Bedarf geben Sie noch etwas Wasser dazu. Gerne kann auch mit frischen Kräutern ergänzt werden.

SMOOTHIE MIT RINDFLEISCH

10 Min.

Leicht

Zutaten

Rinderbrühe
gekochte Kartoffel
Sonnenblumenöl
gehackte Kräuter
Rindfleisch

1 Waschen Sie das Fleisch und schneiden Sie es klein.

2 Geben Sie es dann mit der gekochten Kartoffel sowie den gehackten Kräutern in einen Mixer und pürieren Sie die Menge.

3 Vermischen Sie das Püree dann mit der Rinderbrühe sowie dem Sonnenblumenöl.

VEGETARISCHER SMOOTHIE

10 Min.

Leicht

Zutaten

Kokosöl
Kokosflocken
gemischte Beeren
Naturjoghurt

1 Waschen Sie zunächst die Beeren und lassen Sie sie abtropfen.

2 Geben Sie die Beeren dann zusammen mit dem Joghurt in einen Mixer und pürieren Sie die Menge.

3 Vermischen Sie das Beerenpüree dann mit den Kokosflocken sowie dem Kokosöl.

SMOOTHIE MIT THUNFISCH

10 Min. Leicht

Zutaten

Thunfisch
Banane
Wasser
Kurkumapulver
Kokosöl

1 Lassen Sie den Thunfisch abtropfen. Schälen Sie die Banane und schneiden Sie sie grob klein.

2 Pürieren Sie Banane, Thunfisch und Wasser zu einem feinen Püree. Vermischen Sie das Püree dann mit dem Kokosöl sowie Kurkumapulver.